AF370797

RÉFLEXIONS

SUR

LES ÉPOQUES

DE

LA NATURE.

A AMSTERDAM,

Et se trouve à PARIS,

Chez COUTURIER fils, Libraire,

Quai des Augustins, au Coq.

M. DCC. LXXX.

RÉFLEXIONS

SUR LES ÉPOQUES

DE LA NATURE.

RÉDUIRE la création de l'Univers à un syſtême purement méchanique, c'eſt l'entrepriſe d'un Phyſicien téméraire qui veut ſe ſingulariſer ; ou plutôt, c'eſt le délire d'un ſavant Philoſophe, qui veut donner à la Nature le droit de partager avec Dieu la toute-puiſſance.

Pour parler d'un ouvrage ſi ſingulier & ſi incompréhenſible, il faut conſulter ſon cœur, & ſe défier de ſon eſprit ; il faut examiner de bonne foi, s'il y a un Être éternel, & ſe bien pénétrer de ſa puiſſance ; c'eſt un crime contre ſoi-même,

A

& un attentat contre la société, de tergi-
verſer ſur un article auſſi important.

Faire dépendre d'un arrangement phy-
ſique tant de merveilles, ſi fort au deſſus
de l'homme, & de la Nature, toujours
dépendante d'un premier Auteur, c'eſt
ſouvent le comble de l'égarement de l'eſprit, & preſque toujours le fruit de la
prévention & de l'amour-propre. Celui
qui évite d'établir l'exiſtence de Dieu, ne
s'occupe point de ſa toute-puiſſance; il
écarte avec adreſſe tout ce qui pourroit
la rappeller; il ne ſonge qu'à mettre toute
la Nature en action; elle eſt entre ſes mains
la créatrice univerſelle, & ſa fécondité ne
s'altere jamais. Les loix phyſiques ſemblent
être en mouvement de toute éternité; elles
ſe ſont établies ſans le concours d'aucune
puiſſance ſupérieure, & la ſeule Nature
eſt le Dieu de l'Univers.

Un Ecrivain qui avoueroit l'exiſtence
de Dieu, qui, malgré cet aveu, attribue-
roit à un autre agent les effets de la toute-
puiſſance, & ajouteroit à tout cela une

profeſſion de foi ſolemnelle, paroîtroit
ſans doute à nos yeux un homme incon-
ſéquent, timide & craintif, un homme
qui, par des raiſonnemens entortillés,
voudroit ſe réſerver une porte, pour ſortir
de l'embarras de la cenſure qu'il craint;
car il n'eſt pas douteux que la toute-
puiſſance qu'il attribue à la Nature, dégrade l'Être qui ne ſeroit pas Dieu, ſans
cette prérogative eſſentielle. Il n'y a donc
qu'un homme tout-à-fait enivré de ſyſtêmes
& de nouveautés, qui puiſſe avancer un
paradoxe auſſi outré.

L'Auteur de l'Hiſtoire naturelle eſt ſans
doute bien éloigné d'un pareil reproche.
Sa déclaration n'eſt pas équivoque. *Il
ſoumet*, il ne dit pas ſes écrits, *mais ſes
penſées aux vérités révélées, qu'il regarde
comme des axiômes immuables*; & quand
même, ajoute-il, le plan de ſon ouvrage
ne s'accorderoit pas entiérement avec ces
vérités qu'il reconnoît *inconteſtables*, il
faudroit *juger ſes intentions*, & ſe rappeller qu'il ne propoſe qu'un ſyſtême

A ij

purement hypothétique, & que, quelque
vraiſemblable qu'il puiſſe être, il laiſſe les
vérités révélées dans leur entier, & ne
peut mettre aucune entrave à la croyance
reçue. Rien de ſi honnête & de ſi déſin-
téreſſé que ce raiſonnement; il eſt fait pour
contenter tout le monde.

On doit également approuver le com-
mentaire grammatical fait ſur les premiers
verſets de la Geneſe : on prétend qu'ils
avoient beſoin de cette *explication* qui
développe leur *véritable ſens*, & qui *met*
l'homme à *portée* de *ſentir* la *progreſſion*
ſucceſſive des *merveilles* du *Créateur*, *cha-*
que nouvelle découverte eſt à ſes yeux
comme un *nouveau miracle* qui doit ré-
veiller l'admiration de l'homme, & ſon
reſpect pour l'Être-Suprême.

On convient qu'il n'eſt pas poſſible que
les ſciences, par elles-mêmes, aient affoibli
dans l'homme la connoiſſance de l'Être-
Suprême ni celle de la Religion; mais il
faut auſſi convenir que l'orgueil & l'amour-
propre ont obſcurci ſa raiſon & égaré ſon

esprit. Son goût pour les sciences est devenu un prétexte pour en abuser ; les sophismes & les argumens insidieux ont rempli toutes ses idées ; il a substitué aux vérités les plus évidentes les hypotheses les plus fausses & les plus ridicules ; & bien loin que ce genre de Savans concoure à la perfection des sciences, il ne s'occupe au contraire qu'à inventer des subtilités pour mieux en abuser.

Mais à qui fera-t-on croire que les découvertes dans l'ordre physique n'aient pas produit un effet tout contraire?

En effet les œuvres de Dieu font-elles plus admirées, depuis qu'on sait que la terre & les autres planetes tournent autour du Soleil ?

Est-on plus attaché à Dieu, depuis que Newton a expliqué la cause des couleurs de l'arc en ciel ?

L'idée de la grandeur de Dieu a-t-elle augmenté, depuis qu'on croit savoir que le Soleil est à 30 ou 34 millions de lieues de distance de la terre ?

A iij

Les calculs qui annoncent le paſſage de Vénus ſous le diſque du Soleil, & qui ont fait voyager tant de Savans, ont-ils ajouté quelque degré à l'idée qu'on avoit de Dieu ? Ne ſont-ce pas ces ſciences au contraire, qui, par l'abus qu'on en fait, ont contribué à affoiblir parmi les Savans le reſpect pour les vérités de la Religion ? Et leur exemple n'eſt il pas devenu funeſte même au ſimple peuple ?

Quand on ſaura que la terre a été en fuſion pendant 34000 ans, qu'elle a enſuite été inondée durant 10000 autres années, que ces eaux renfermoient des molécules organiques de tous les eſpeces, qui ont produit tous les êtres vivans, ſans que Dieu y ait eu aucune part ; ſi, dis-je, on venoit à bout de perſuader aux hommes ces eſpeces d'impiétés, qu'on donne pour des découvertes qui font honneur à la Divinité, loin de les en rapprocher, comme on l'annonce, ils deviendroient au contraire des hommes vains, des hommes plus injuſtes & plus indépendans ; des hommes

qui s'accoutumeroient à oublier Dieu &
à ne confidérer que la Nature; des hommes
qu'aucun frein ne pourroit arrêter, qui fe
livreroient à tous les excès, fans que rien
pût les rappeller à leurs devoirs. Qu'on
ne dife pas que la loi du Prince y fup-
pléera; quand les oracles de la Divinité font
muets, la loi des hommes eft impuiffante.
Avouons-le à la honte, je ne dis pas des
fciences, mais de la plupart des Savans qui
nous inondent depuis trente ans. Qu'ont-ils
fait pour glorifier Dieu? ou plutôt, que
n'ont-ils pas fait pour le méconnoître? Difons plutôt que ces découvertes, quelles
quelles foient, ont plutôt aveuglé l'efprit des
hommes qu'elles ne l'ont éclairé. On fent
bien que les Savans ne fauroient rien découvrir qui n'ait été fait par Dieu, que ces
développemens graduels, inventés pour
favorifer leurs hypothefes, font au-deffous
de la grandeur & de la puiffance de l'Etre
infini qui a créé tout ce qui exifte par fa
feule volonté. La gloire du Créateur n'eft
donc point du tout intéreffée à ces détails

d'actes multipliés, ni à ces développemens dont on décore la Nature. Elle n'eſt que l'inſtrument que Dieu même a formé pour conſerver l'ordre qu'il a univerſellement établi.

L'étoile inviſible à nos yeux, que l'Aſtronome découvre, n'ajoute pas plus à la gloire de Dieu que la terre inconnue où le voyageur arrive ; l'un & l'autre étoient faits au moment de la création ; il falloit imaginer des moyens capables de rapprocher ces globes lumineux trop éloignés ; il falloit conſtruire des vaiſſeaux pour arriver aux terres ſéparées par les eaux. Il ne s'eſt fait aucun changement dans le Ciel , depuis que Dieu l'a créé au commencement des tems, & les révolutions des aſtres ſont les mêmes depuis leur création. Les variations que le globe de la terre a éprouvées, ſont une ſuite néceſſaire de la circulation des eaux, de l'agitation des vents, de la conſommation utile des matieres combuſtibles, & des travaux que Dieu avoit réſervés aux hommes.

Il faut pourtant avouer que l'hypothefe qui donne à la Nature tant de prérogatives, eft féduifante autant qu'ingénieufe. L'Auteur qui connoît fa fupériorité, prévient que l'ouvrage qu'il propofe, n'eft pas fait pour les *hommes ordinaires, ni pour ceux qui font trop ftriɛtement attachés à la lettre* des traditions facrées, dont ils ne veulent pas s'écarter, foit par refpeɛt, foit par foibleffe. Son fyftême longtems médité & réfléchi, n'eft fait, felon lui, que pour des hommes inftruits, & dont les lumieres font à l'abri des préjugés.

C'eft dommage que l'Hiftoire de la Nature, d'ailleurs fi curieufe & fi intéreffante, foit en contrafte avec celle de Moïfe fur la création. Le récit des époques anéantit, ou tend à anéantir le texte de la Genefe. Rien ne reffemble plus au défi honteux que firent à Moïfe les Magiciens de Pharaon. L'événement fera le même, & les époques tomberont dans l'oubli &c.

Le Livre de Moïfe, qu'on peut appeller le Livre de Dieu même, fera toujours révéré ; en vain veut-on le rendre inutile, & peut-être ridicule ; en vain veut-on donner aux hommes des renfeignemens plus clairs fur tout ce qui a été fait, & fur la maniere dont tout a été formé ; en vain, nous dit-on que le voile de l'erreur vient d'être levé, que la révélation eft une chimere, que nous avons actuellement des guides infaillibles, que la Nature les a placés comme exprès, pour que l'homme les confidere ; & qu'enfin chaque révolution qu'elle a éprouvée, a laiffé des traces ineffaçables, pour qu'il ne fe trompât point fur fon origine & fon antiquité. Dès qu'on croit aux vérités révélées, dès qu'on regarde Moïfe comme l'interprète de Dieu, tous les raifonnemens qu'on lui oppofe, font des erreurs.

Malgré cela, on prétend tirer, du premier chapitre de la Genefe, des inductions qui favorifent le fyftéme des époques.

On y trouve que Dieu (*) n'a créé
que les matieres dont un autre agent s'eft

(*) La création du ciel & de la terre, & de
toute cette maffe informe que nous avons vue dans
les premieres paroles de Moïfe, a précédé les fix
jours qui ne commencent qu'à la création de la
lumiere : Dieu a voulu faire & marquer l'ébauche
de fon ouvrage avant que d'en montrer la perfection ; & après avoir fait d'abord le fond du
monde, il en a voulu faire l'ornement avec fix
différens progrès qu'il a voulu appeller fix jours,
& il faifoit ces fix jours l'un après l'autre, comme
il faifoit toutes chofes, pour faire voir qu'il leur
donne l'être, la forme, la perfection, comme il
lui plaît, autant qu'il lui plaît.

Ainfi il fait la lumiere avant que de faire les
grands luminaires où il voulut la ramaffer, &
il a fait la diftinction des jours avant que d'avoir
créé les aftres, dont il s'eft fervi pour les régler
parfaitement, & le foir & le matin ont été dif-
tingués avant que leur diftinction & la divifion
parfaite du jour & de la nuit fût bien marquée ;
& les arbres & les arbuftes & les herbes ont germé
fur la terre par ordre de Dieu, avant qu'il eût
fait le Soleil qui devoit être le pere de toutes les
plantes, & il a détaché exprès les effets d'avec

ſervi, pour former le ciel & la terre, tels qu'ils ſont. Nous convenons que le ciel & la terre que Dieu a créés au commencement des tems, peuvent être plus anciens que les développemens & les différentes productions qui en ont été la ſuite; mais nous ne convenons pas qu'il a fallu à Dieu des ſiecles multipliés, pour leur faire prendre les différentes formes que nous leur voyons, & nous ne convenons pas

———————————————————————

leurs cauſes naturelles, pour montrer que naturellement tout ne tient que de lui & ne dépend que de ſa ſeule volonté.... Ainſi la création de l'Univers, comme Dieu l'a voulu faire, & comme il en a inſpiré le récit à Moïſe, nous donne les vraies idées de ſa puiſſance, & il nous fait voir que, s'il a aſtreint la Nature à certaines loix, il ne s'y aſtreint lui-même qu'autant qu'il lui plaît, ſe réſervant le pouvoir ſuprême de détacher les effets qu'il voudra, des cauſes qu'il leur a données dans l'ordre commun, & de produire ces ouvrages extraordinaires que nous appellons miracles, ſelon qu'il plaira à ſa Sageſſe éternelle de les diſpenſer. *Œuvres de Boſſuet, édit. in-4°. 1748, page 50.*

que tous ces ſiecles aient été figurés par les ſix jours que Moïſe fait employer à Dieu, pour completter l'ouvrage de la création.

C'eſt une riſée de dire, qu'excepté la création du ciel & de la terre, qu'on reſtraint à la création de la matiere ſeulement, c'eſt, dis-je, une ſorte de blaſphéme de vouloir prouver que Dieu n'a rien créé depuis; que les expreſſions de ſon interprète confirment cette vérité, & qu'il ſemble même éviter de ſe ſervir du mot de *créer*, dans les actes qui ont ſuivi la création. Il fait la lumiere, & la ſépare des ténebres; il fait le firmament, ſans le *créer;* il fait le Soleil, la Lune & les Etoiles, ſans les *créer*, parce que, continue l'Auteur des époques, il ſavoit que ces magnifiques productions devoient étre l'ouvrage du tems, & qu'il laiſſoit par-là les *hommes maîtres de donner à ce tems toute l'étendue dont ils auroient beſoin pour calculer* les opérations confiées à la Nature; d'où il s'enſuit que Dieu, après avoir créé la matiere du ciel & de la terre, s'eft repofé & ne s'eft plus mêlé du refte.

C'eft alors que tous les agens de la Nature fe font raffemblés, pour être les manœuvres du grand ouvrage de l'Univers. Plus lente dans fes opérations que la Divinité dans fes œuvres, il lui a fallu des milliers de fiecles pour le faire arriver à la perfection où il eft; il a fallu mettre le feu au globe de la terre, pour corriger fes défectuofités & lui donner la forme qu'elle a; il a fallu entretenir ce feu pendant 34000 ans, (calcul fait & vérifié) afin que toutes les matieres que Dieu y avoit mifes, fuffent entiérement fondues, calcinées, vitrifiées; il a fallu encore que ces mêmes agens de la Nature fiffent dans l'athmofphere des réfervoirs pour y loger & retenir toutes les vapeurs qui devoient s'exhaler de tant de matieres bouillantes; enfin, il a fallu que la Nature & fes agens reftaffent dans l'inaction pendant 3936 ans, terme confacré par les loix de la

Physique, pour parvenir à l'attiédissement du globe embrasé depuis si long-tems.

La terre alors plus séche & plus aride qu'elle n'étoit le jour de sa création, avoit besoin d'être humectée. La Nature reprit aussi-tôt ses opérations suspendues. Toujours vigilante, elle épioit le moment de rendre, à la terre réfroidie, l'humidité qu'elle avoit perdue pendant son embrasement. Elle rompit tout-à-coup les digues qui retenoient depuis si long-tems les eaux dans l'athmosphere. Elles tomberent pendant 10000 ans, sans cesser un moment, & inonderent, non-seulement la surface du globe, mais couvrirent encore les montagnes les plus élevées.

Tel a été le déluge formé par les loix de la Nature. Il nous a été transmis sans Prophetes & sans Apôtres; elle a sans doute donné à l'Ecrivain qui nous le révele, un chiffre que lui seul pouvoit deviner.

La Nature ne fait rien contre ces loix immuables; les vapeurs qui s'étoient élevées de la terre par un effet naturel, y font

defcendues par un effet tout pareil. Leur
réunion dans l'athmofphere auffi bifarre
qu'incroyable, produifit un déluge encore
plus ridicule & plus inconcevable ; ce déluge n'étoit pas, comme celui de Moïfe,
un figne de mort & de deftruction ; la
Nature eft la mere tendre de tous les êtres ;
elle ne veut ni punir ni détruire. Ces eaux,
loin d'être menaçantes, portoient par-
tout la bienfaifance. Elles renfermoient
dans leur fein le germe de toutes les productions. Fécondées par la puiffance de
cette mere généreufe, tous les êtres poffibles devoient fortir d'elles : unies à la
chaleur que la terre avoit confervée, les
molécules organiques fe réunirent pour fe
développer dans elles ; & bientôt les poiffons de tout genre, les animaux aquatiques
de toute efpece, parurent dans les eaux
qui couvroient encore la terre.

Cette premiere production devoit fervir
de premier monument à l'Auteur des époques, pour prouver l'antiquité du monde
& établir fon hypothefe.

Les

Les poiſſons alors n'habitoient pas dans la profondeur des eaux, c'eſt toujours dans les montagnes qu'on trouve leurs dépouilles, leurs ſquelettes, leurs écailles.

C'eſt donc pendant que les eaux ſe retiroient, c'eſt-à-dire, au moment de leur naiſſance, que ces animaux ſe trouvent arrêtés dans les ſinuoſités & autres cavités des montagnes, pour y laiſſer les preuves que nous y trouvons de leur ancienne exiſtence.

A peine les eaux furent-elles raſſemblées dans les profondeurs que la Nature leur avoit deſtinées, que d'autres animaux parurent ſur la terre encore brûlante, ſurtout dans ſon milieu. Mais la Nature ſage & prévoyante, eut ſoin de les placer à l'endroit le moins épais du globe, où la chaleur étoit moins ſenſible. Ces animaux quadrupedes nouvellement formés, nouvellement arrivés, étoient d'une grandeur énorme; la Nature alors ſembloit prodiguer ſon ſperme trop abondant, ces animaux se trouverent habiter sur les Pôles, où la chaleur plus douce leur étoit plus analogue. On dit qu'ils s'y multiplierent prodigieusement; mais ce degré de chaleur du pôle qui leur étoit propre, ne dura qu'un tems. Cette partie du globe faite pour être froide, rentra dans sa destination, & bientôt les hyppopotames, les rhinocéros, les éléphans, tous habitans de ce malheureux coin de terre, périrent de froid & de misere; mais ce désastre étoit prévu par la Nature, & devoit servir à ses desseins. Aussi forment-ils le monument le plus intéressant & le plus digne de l'hypothese.

En effet les *squelettes* & les *offemens* de ces animaux qu'on *trouve aujourd'hui dans les contrées du Nord, font des monumens précieux* qui servent de base au système des époques. Car point d'offemens, point d'hypothese, point d'offemens, point d'époques; point d'animaux surpris & morts de froid sous le pôle qu'ils habitoient de-

puis long-tems, plus de syftême à propofer; Moïfe n'aura pas de peine à conferver tous fes droits.

On ne demandera pas à l'Auteur des
époques par quelle magie de la Nature
ces animaux ont été faits & envoyés fi
inconfidérément, pour habiter une terre
où ils devoient périr fans reffource & fans
exception. Cette conduite de la Nature,
fi douce & fi bienfaifante, n'eft pas un
chef-d'œuvre de prévoyance, c'eft au contraire une efpece de barbarie.

On peut demander encore fi la Nature
avoit placé des hommes dans ce climat
funefte. L'affirmative eft délicate, & l'Auteur des époques n'a jamais voulu fe faire
cette queftion. Il ne s'eft occupé que du
développement de la matiere, & auffi des
animaux.

Ce n'eft qu'à la feptieme époque que,
fans aucun événement qui y prépare, fans
aucune indication, on trouve des hommes
fur la terre, pêle mêle avec les animaux
les plus féroces, fans favoir comment, ni

par où ils y font arrivés : malgré cette obfcurité d'origine , on s'en fert pour prouver qu'il exiftoit des hommes, un grand nombre de fiecles avant celui que Dieu créa de fa propre main.

D'après des témoignages auffi obfcurs, des monumens fi peu certains & des faits fi bien arrangés, on peut comparer tout l'ouvrage à un grand édifice, dont l'architecture eft exquife & les fondations vicieufes, ou à un tableau qui n'a d'autre mérite que le coloris, ou enfin, au plaidoyer d'un Avocat célébre qui enchante & qui étonne, en plaidant une mauvaife caufe.

On ne fauroit douter que l'Hiftoire de la Création, dictée à Moïfe par le Créateur même, ne foit un chef-d'œuvre d'éloquence, que la fimplicité du récit ne le rende noble & fublime; tout y annonce la Divinité, ou plutôt, c'eft la Divinité qui annonce tout, qui agit par-tout. Le néant fuit à fa parole, & fa voix fait tout fortir de l'abîme.

Faire ou créer dans cette occaſion a toujours ſignifié la même choſe chez tous les gens ſenſés.

Dieu a donc fait ou créé la lumiere, le firmament, & tous les corps lumineux, compris ſous le mot d'étoiles, par différens actes de la même puiſſance, par laquelle il avoit créé le ciel & la terre.

Il eſt vrai que la terre étoit informe au moment de ſa création; il eſt vrai que les ténebres la couvroient; il eſt vrai que l'eſprit de Dieu étoit porté ſur les eaux, mais il n'eſt pas moins vrai que tous ces *imparfaits* ne ſauroient ſignifier qu'elle ſoit reſtée dans cet état autant de milliers d'années qu'il en falloit pour arranger le ſyſtème des époques. L'imparfait du Verbe ne ſignifie pas plus un eſpace très-long qu'une durée très-courte. Il falloit avoir grand beſoin d'une longue étendue de tems, pour donner aux imparfaits de la Geneſe une ſignification ſi forcée. Oui, la terre étoit informe au moment de ſa création, mais ce mot étoit, ne ſignifie

pas qu'elle foit reftée long-tems; Dieu a
pu l'inftant d'après lui donner la forme
que nous lui voyons, & le texte nous
fait entendre qu'il l'a exécuté très-vîte.

Moïfe, inftruit par l'efprit de Dieu de
tout ce qui s'étoit paffé, l'a tranfmis au
Peuple dont il étoit le chef, d'une maniere
fimple & naïve : c'étoit l'unique moyen
de fe faire entendre, & d'infpirer en même
tems un grand refpect pour Dieu; il a dû
s'aftreindre aux expreffions du feul idióme
que ce Peuple connoiffoit; il n'avoit point
d'intérêt à raccourcir le tems qui avoit été
employé à la création; il s'eft fervi, pour
rendre ce que l'efprit de Dieu lui avoit
infpiré, des termes d'une langue pauvre,
quoique très-énergique, & les fix efpaces
défignées par les fix jours, ne fauroient
fignifier qu'un tems très-limité. Si le lan-
gage des époques étoit celui de la vérité,
il ne feroit pas contradictoire à celui de
Moïfe infpiré par la vérité même.

Si M. de Buffon, avant d'interpréter
fi légérement les premiers verfets de la

Genefe, s'étoit donné la peine de lire les élévations de M. Boffuet fur la création (*)

(*) Le deffein de Dieu dans la création & dans la defcription que le Saint-Efprit en a dicté à Moïfe, eft de fe faire connoître d'abord comme le Tout-Puiffant & très-libre Créateur de toutes chofes, qui fans être aftreint à autre loi qu'à celle de fa volonté, avoit tout fait fans befoin & fans contrainte par fa feule & pure bonté. C'eft pourquoi, lui qui pouvoit, par un feul décret de fa volonté, créer & arranger toutes chofes, en a voulu néanmoins fufpendre avec ordre l'efficace de fon action, & faire en fix jours ce qu'il pouvoit faire en un inftant.

Dieu dit que la lumiere foit; & la lumiere fut. Dieu n'a point de levres à remuer, Dieu ne frappe point l'air avec une langue pour en tirer quelque fon; Dieu n'a qu'à vouloir en lui même, & tout ce qu'il veut éternellement, s'accomplit comme il a voulu, & au tems qu'il a marqué. *Il dit donc que la lumiere foit, & elle fut; qu'il y ait un firmament, & il y en eut un; que les eaux s'affemblent, & elles furent affemblées; qu'il s'allume deux grands luminaires, & ils s'allumerent; qu'il forte des animaux, & il en fortit, &c. Il a dit, & les chofes ont été faites; il a com-*

& sur les six jours, il auroit peut-être donné une autre tournure à l'explication qu'il en donne. MM. Bossuet & Buffon sont deux savans qui ne différent dans leurs écrits que par le but qu'ils se proposent. L'un ne fait que célébrer la Nature, à qui il consacre tout l'art de son pinceau. L'autre ne s'occupe que des grandeurs & de la toute-puissance de Dieu; en peignant les actes de la Divinité, il peint la Divinité même. Son style est plein d'énergie, de majesté & d'onction. Tout ce qu'il dit enchante & persuade, il semble qu'il soit inspiré lui-même, quand il développe le texte inspiré & dicté par l'Esprit de Dieu. Il applanit tous les doutes qu'on jette sur cette matiere, il rend raison de tout : il satisfait sur ce que la lumiere a été faite avant les globes qui devoient la recevoir;

---

mandé, & elles ont été créées ; rien ne résiste à sa voix, & l'ombre ne suit pas plus vîte le corps que tout suit au commandement de Dieu.

Œuvres de Bossuet, éd. in-4°. 1748, p. 48 & 49.

il

il explique pourquoi Dieu a fait la diftinction des jours avant que d'avoir créé
les aftres qui devoient les régler, &c. en
un mot, que l'on compare l'Ouvrage de
M. Boffuet fur la Création, avec celui de
M. de Buffon, fur les Epoques de la Nature : ils fubfiftent l'un & l'autre. Qu'on
les life, qu'on les médite, qu'on les réflé-
chiffe, & que l'intégrité les juge.

On conçoit difficilement, ou plutôt,
on ne conçoit pas, pourquoi les Phyfi-
ciens & les Aftronomes refufent fi opiniâ-
trement à Dieu le développement de la
matiere qu'il avoit créée. Les expériences
des uns & les calculs des autres en feroient-
ils moins des fciences curieufes & fublimes, quand Dieu feul en feroit l'objet?
& encore une fois, n'eft-il pas honteux
de prodiguer à la Nature un encens qui
n'eft dû qu'à fon Auteur.

Que ces développemens aient été plus
lents ou plus prompts, ces belles fciences
n'y perdent rien ; c'eût été des champs
différens qu'ils euffent labourés différem-

ment. Les développemens fucceffifs qu'on vient d'imaginer, intéreffent beaucoup moins les fciences que les Savans; fi le plan n'eft pas neuf, l'élégance eft nouvelle.

Le refpect qu'on étale pour la tradition facrée, ne paroît être qu'un mot qui fe confond avec l'idée peu avantageufe qu'on donne à l'Auteur de cette même tradition *dont on ne doit jamais s'écarter qu'autant qu'elle eft directement oppofée à la faine raifon.*

Plus un homme eft vain, plus il imagine avoir la raifon la plus faine de fon côté; & d'après cette opinion, l'examen particulier peut devenir légitimement la régle de chacun; & fi la Loi de Dieu, comme celle du Prince, fe trouvent oppofées à la faine raifon de chaque particulier, il deviendra le maître de ne s'y pas conformer. Telle eft la conféquence qu'on peut tirer des principes répandus dans les époques.

Au refte la raifon toujours fubordonnée, n'eft point faite pour rectifier ces efpeces d'obfcurités qu'elle croit trouver dans les vérités révélées. Celle des Phyfíciens & des Aftronomes, quoi qu'ils en difent, n'a pas plus de privilege que celle des autres; elle ne differe, parmi nous, que comme le plus de richeffes, qui ajoute toujours à l'oftentation & rarement au mérite.

Si l'Auteur des époques avoit employé fon efprit à bâtir un fyftême d'après ces vérités, s'il s'étoit occupé à les faire valoir, comme il s'eft attaché à les affoiblir, il auroit plu aux gens de toutes les religions, de tous les ordres, & n'auroit révolté perfonne: il auroit également prouvé que la lumiere des corps céleftes, que les révolutions des planettes, que les phénomenes qui nous environnent, ne font que les effets & les fuites des Loix que Dieu a établies: que la phyfique & l'aftronomie ne font autre chofe que l'étude & la connoiffance de ces mêmes Loix, & qu'en reconnoiffant qu'elles font l'ouvrage de Dieu, on n'en eft pas moins grand Physicien & grand Astronome.

Reconnoître Dieu dans tout ce qui a été fait, c'est la science qu'il avoit réfervée à l'homme ; mais donner à ces ouvrages des caufes hafardées & puifées dans la feule puiffance de la Nature, c'est donner lieu à l'erreur. On a toujours cru que la Nature n'avoit & ne pouvoit avoir aucune force, aucune vertu qui ne dépendît immédiatement de Dieu. Il a confié une portion de fa propre puiffance à toutes les caufes fecondes, elles agiffent conftamment, fans pouvoir s'écarter des Loix qui leur ont été prefcrites.

Le Soleil tourne autour de lui même ; toutes les planettes circulent autour de lui ; la terre, que nous voyons de plus près, nous paroît avoir des révolutions particulieres, des tremblemens, des éruptions, des volcans, des inondations, &c. tous ces événemens font les effets des matieres différentes, dont Dieu a formé le globe en le créant. Ces feux fouterreins, ces fecouffes violentes, peuvent faciliter la nutrition & aider à la coction des métaux & des minéraux. Elles excitent encore une fublimation qui peut être utile à toutes les autres productions de la terre, elles la débarraffent de ces fcories nuifibles qui font autant d'obftacles à la réunion des agens prolifiques; femblable au corps humain foible & malade, qui reprend fa force & fa vigueur, après avoir fouffert les peines & les défagrémens d'un médicament falutaire.

Jamais l'Auteur des Epoques ne fera croire à perfonne qu'un feu de fufion, qui a duré 34000 ans, ait pu laiffer dans le globe les matieres telles que nous les y voyons : on dit qu'il le démontre mathématiquement : je laiffe aux Savans le foin d'en vérifier les preuves. Je n'ai nulle prétention perfonnelle, je n'ai nulle envie de répondre aux Epoques, & encore moins de les critiquer : je réclame feulement l'autorité de Moïfe & la caufe de l'Être-Suprême, que je trouve compromife dans tout l'ouvrage. Je fais que les grandes fciences ne font pas toujours bien fcrupuleufes, & qu'elles s'arrogent fouvent le droit de confondre les vérités avec les incertitudes. Je vois dans les Epoques, qu'on multiplie les tems & les fiecles à fon gré, pour arranger l'Univers felon fes caprices.

Tout fyftême qui dégrade la puiffance d'un Dieu créateur de tout, eft bien près d'en infinuer la non-exiftence; il eft toujours le fruit de l'incrédulité; il porte avec lui l'empreinte du matérialifme, & ceux qui le publient, s'eftiment affez peu pour croire que les facultés de leur efprit, leurs talens, leur aptitude aux fciences, dépendent uniquement de leur organifation; parce que la matiere feule peut prendre toutes les formes poffibles & les multiplier à l'infini.

Il eft honteux que le matérialifme foit devenu l'idole de ceux qui font profeffion des fciences, qui ne font faites que pour mieux annoncer la grandeur & la puiffance de la Divinité.

Tous les Peuples, les Savans de toutes

les Nations n'ont prefque jamais fait d'autre ufage de leurs fciences, quelques profondes, quelques fublimes qu'elles aient été.

Aujourd'hui, ceux qui les repréfentent, ne favent à qui attribuer tant de merveilles. Depuis qu'ils croient avoir fouillé dans les vieux titres de la Nature, ils font tentés de lui donner la préférence fur le Créateur de la Nature même.

Les hafards des Spinofiftes, long-tems combattus, toujours détruits, femblent reparoître fous des formes plus agréables & plus captieufes.

Pour ne pas répéter ce qu'ont dit les Athées, & pour éviter la réclamation générale, on fait de tems en tems un petit compliment à l'Être-Supréme ; c'eft tout ce qu'on peut accorder à Dieu dans la confection de l'Univers : on lui donne le feul mérite d'avoir créé une maffe de matiere informe, abandonnée aux foins & à la vigilance de la Nature ; & l'on fait entendre qu'elle a fu mettre le feu à cette maffe de matiere, pour mieux la pénétrer,

& qu'il en eſt ſorti ſucceſſivement tout l'Univers, tel qu'il eſt aujourd'hui. Cette nouvelle fable, dans quelques ſiecles, pourra prendre du crédit, ſi les Philoſophes de celui-ci ſe ſuccédent pour la vanter.

Les hommes les plus ſavans ne ſont pas exempts des vices du ſiecle, & ſur-tout de la légéreté de celui-ci. On la voit percer à travers leur philoſophie; on la voit dans les ouvrages qui ont le plus de droit à la célébrité; on la voit dans le jugement qu'ils portent des Savans qui les ont précédés; & la frivolité fait aujourd'hui ſur les ſciences, ſur les eſprits, ſur les mœurs, tout ce qu'on lui voit faire ſur les modes. Tous les Ecrits de Voltaire ſont timbrés de ſa façon; Moïſe & la Religion n'ont pas été exempts de la légéreté de ſes cenſures : quoi qu'il en ſoit, ſon bel eſprit s'eſt envolé, mais ſes impiétés nous ſont reſtées. Tel eſt le goût dominant du ſiecle, que le Gouvernement n'a peut-être pas aſſez prévu.

Le regne de Louis XIV a produit des Savans d'une toute autre trempe. Par exemple, on voit dans M. Boffuet, non un Evêque gonflé de préjugés, mais un Ecrivain éclairé, plein de fageffe & de bonne foi, qui parcourt l'hiftoire des tems les plus reculés, qui remonte aux époques les plus anciennes, préfentant toujours des preuves qui tiennent à l'évidence, qui a recherché l'origine du monde dans tous les monumens poffibles. La critique l'a refpecté, & l'Europe l'a admiré. Si ce Savant, fi ce génie vivoit aujourd'hui, on lui feroit voir qu'il n'a pas connu l'antiquité, & que fes recherches font des inutilités. M. Bailly lui prouveroit qu'il vient de découvrir un Peuple qui devoit exifter très-floriffant il y a plus de 20000 ans, que l'erreur de la création eft évidente, & que fi le monde n'avoit pas au moins 75000 ans, les fciences, & finguliérement l'aftronomie, n'auroient pu acquérir cette perfection dont les Philofophes Chinois nous ont laiffé des monumens, puifés chez des peuples bien plus anciens qu'eux.

Ces monumens font, la fcience aftronomique, prefqu'auffi perfectionnée dans ces tems reculés qu'elle l'eft aujourd'hui. Or cette perfection ne fauroit s'acquérir que par une infinité d'obfervations fucceffives qui exigent des milliers d'années; & en confidérant le degré de perfection où les premiers Indiens ont pouffé l'aftronomie, en calculant le tems qu'il faut pour acquérir ce degré de connoiffance, qui dépend de telle ou de telle obfervation qu'on ne peut faire que tous les mille ans, & qu'il faut vérifier mille fois avant d'en avoir la preuve, il s'enfuit que les fciences, & fur tout l'aftronomie, que l'on trouve en vigueur chez les plus anciens Peuples, la devoient néceffairement à des Peuples plus anciens qu'eux.

Avec de pareils calculs, on fe rend maître de tous les tems; en multipliant les fiecles, on ne s'apperçoit pas qu'on fe perd dans l'éternité.

Ah! que le cœur de l'homme eſt vain,
& que ſon imagination eſt folle !

Tous ceux qui s'attribuent quelque
droit aux privileges de la raiſon, ſont les
admirateurs outrés de tout ce qui tient
à la nouvelle philoſophie.

Nous avouons que les Epoques de la
Nature, & les recherches ſur l'origine
des ſciences, conſidérées comme des ro-
mans, ſont dignes des plus grands éloges.
Le ſtyle en eſt charmant ; c'eſt un vernis
précieux ſur de beaux tableaux, dont la
touche eſt nouvelle ; ils ſéduiſent les hommes avides de nouveautés, & qui ſe livrent
naturellement à l'enthouſiaſme.

Dans ce ſiecle où l'eſprit eſt commun
(parce qu'on en fait) les ſciences ne ſe
perdront point comme celles de ces peuples qu'on vient de retrouver ; nous multi-
plions les preuves & les monumens des
nôtres ; elles ſont marquées à un coin
qu'on reconnoîtra ſans peine.

Au reſte nous reconnoiſſons que l'aſtronomie eſt une ſcience ſublime & fort au

deſſus de nos forces : elle roule ſur des objets qui ne doivent annoncer aux hommes que la magnificence de la Divinité ; c'en eſt aſſez pour nous la faire reſpecter & admirer.

Mais ſi ſon antiquité eſt telle que M. Bailly le prétend, ſi elle a été ſubſtituée de ſiecle en ſiecle, les travaux des Aſtronomes doivent être moins pénibles. Les anciens Peuples dont il parle, poſſédoient cette ſcience au même degré de perfection que nous; ils connoiſſoient donc le cours & les révolutions de tous les aſtres, les approches dangereuſes des cometes, la formation des planetes, toutes les loix qui en maintiennent l'ordre, établi par Dieu ſeul; car ſi ils les euſſent attribués à la Nature, on n'auroit pas manqué de s'en prévaloir. Quoi qu'il en ſoit, on doit admirer les ſciences, de quelque part & de quelque main qu'elles nous viennent, en croire les conſéquences, quand elles ne ſont pas contraires aux intérêts & à la gloire de Dieu, & enfin, ſavoir gré à ceux qui veulent bien prendre foin de s'en occuper, d'en multiplier les procédés, pour les rendre utiles & les perpétuer.

Je fuis trop l'admirateur de la façon d'écrire de M. Bailly, pour être foupçonné de vouloir le critiquer; mais je ne faurois m'empêcher de lui dire que toute fcience, tout fyftême, qui n'eft fondé que fur des probabilités, eft toujours faux, toujours dangereux; car fi on ne prouve l'exiftence de ces Peuples qu'on fuppofe avoir précédés Adam de tant de milliers de fiecles, fi on n'appuie ce fyftême que fur des probabilités capables d'ébranler les efprits, & les faire douter de la vérité de la révélation fur le fait de la création, alors je dirai que, d'oppofer des probabilités à un point de foi fi vénérable, fi conftant, c'eft afficher l'incrédulité fur la tradition facrée; c'eft donner atteinte à la croyance reçue; c'eft troubler l'ordre établi qui fait le lien des Peuples; c'eft favorifer les prétentions impies répandues dans tant de libelles, que la nouvelle philofophie a fi méchamment multipliés. Voilà tout l'objet de mes réflexions, il n'eſt pas incompatible avec l'amour des ſciences; & la plus digne de l'homme ſera toujours celle qui ne mettra pas en avant des probabilités ou des hypotheſes diamétralement oppoſées aux vérités conſacrées dans le texte de Moïſe.

D'un autre côté, il eſt probable que l'aſtronomie n'a pas eu beſoin de tant de ſiecles pour fixer certaines révolutions, ou pour faire telle ou telle découverte; par exemple, les Chinois réclament la période luniſolaire , comme ayant été inventée par un de leur compatriote. Cette même période, très-connue des Patriarches avant le déluge, eſt reſtée dans un oubli total, après cet événement, de ſorte que Ptolomée & Hyparque ont retrouvé cette période ſans le ſecours de leurs Anciens , & plus de deux mille ans après le déluge. Il eſt donc plus que probable que ce n'eſt pas à la multitude des obſervations qu'on doit les découvertes aſtronomiques. M. de Buffon en a fait plus, en méditant &

en calculant feul dans fon cabinet, que n'avoit fait toute l'antiquité jufqu'à lui. D'après les contradictions de ce grand homme, il eft plus que probable que les probabilités de M. Bailly font des chimeres, que ces fortes d'opinions font abufives, tant en morale qu'en phyfique; il doit favoir que la fecte, fi accréditée des Probabiliftes, a été pour toujours anéantie par M. Pafcal.

Difons donc, d'après les probabilités de ces Meffieurs, que quelqu'ancien que foit un Peuple favant, il doit tenir les fciences d'un plus ancien que lui; & quand l'hiftoire des tems ne leur en fournit point d'exemple, ils en imaginent, ils en fuppofent, & en rendent l'exiftence probable aux dépens de la vérité, au détriment de la Religion & à l'entier oubli de Dieu même.

Tout cela eft moins difficile à croire que l'oubli total d'un grand Peuple très-favant, qui a dû être très-induftrieux & très-riche, & qui a dû rectifier, embellir &

fertilifer le vafte terrein qu'il habitoit, terrein dont il ne refte aucun veftige, Peuple dont il ne refte aucune trace, & dont l'exiftence n'eft fondée que fur le rêve de quelques Indiens qui fe vantent de pofféder des Livres qu'ils avouent n'avoir jamais pu lire, qui ne fauroient en deviner la langue, langue qu'on dit pourtant favante, quoiqu'on n'ait jamais pu la pénétrer, & qui fuppofe un Peuple favant qu'on connoît tout auffi peu.

Les recherches de M. Bailly fur ce favant Peuple feroient bien plus précieufes, s'il nous difoit qu'il a vu ces manufcrits antiques, qu'il les a déchiffrés, & qu'il y a reconnu le *Hanfcrit*, cette langue fi riche, inconnue jufqu'à lui, qu'elle annonce un Peuple floriffant dont il ne refte aucun veftige. Avouons que ce fatras de fuppofition eft une favante farce qui fait pitié & qui joue bien avec l'hypothefe.

Au refte, que des Peuples aient exifté un peu plutôt, un peu plus tard, que les fciences sciences soient plus ou moins anciennes, il n'en résulte rien pour notre bonheur. Les premiers Savans ont peut-être été plus heureux que nous. Les premiers Astronomes connoissoient peut-être mieux que nous l'état du ciel & ses rapports avec la terre, ainsi que ses influences utiles ou nuisibles. On a négligé la partie peut-être la plus essentielle de la sublime science astronomique, pour ne s'occuper que de curieuses inutilités ; il semble que les recherches qu'on fait, ne tendent qu'à donner aux loix physiques une préference coupable sur l'Être infini qui a tout fait.

Il semble qu'on ne veuille pénétrer l'antiquité que pour démentir l'époque de Moïse sur la création du ciel & de la terre, tels qu'ils sont ; création qui n'a jamais été contredite, ni par des négatives formelles, ni par des hypotheses spécieuses.

D'ailleurs quelque véritable que soit l'Ecriture-Sainte, il est possible que des révolutions que nous ignorons, aient fait

D

difparoître des titres qui feroient remonter notre chronologie à des tems plus réculés; Adam alors feroit moins jeune, mais feroit-il pour cela forti des molécules organiques? & feroit-il moins l'ouvrage de Dieu ?

Eh ! Meffieurs les Savans, laiffez-nous des préjugés qui font facrés pour nous, & qui peuvent nous rendre meilleurs & plus heureux! Ne croire à rien, c'eft, fans contredit le plus grand des malheurs; nous aimons mieux nous croire les enfans d'Adam qui a Dieu pour pere, que de confondre notre origine avec celle des plus vils animaux; il eft dans la nature de connoître & d'aimer fon pere, la reconnoiffance eft muette, quand on ne connoît pas fon bienfaiteur.

Toutes ces brillantes obfervations philofophiques ne tendent qu'à écarter nos obligations & à affoiblir notre foi; & quand M. de Buffon avance cette affertion, que les fciences font le bonheur des hommes, fans doute qu'il attache ce bonheur à la vanité des Savans, qui veulent être les dépofitaires, & les defpotes de l'efprit & des actions des hommes.

Il faut pourtant avouer qu'il n'eft pas poffible de mettre plus de fineffe, plus d'agrémens, plus de délicateffe, que l'aimable Auteur des mondes en a mis dans fon Roman aftronomique, il femble qu'il ait été dicté par un efprit enchanteur, & qu'un habitant du ciel y ait préfidé.

L'hypothefe de la formation de l'Univers eft exquife; ce n'eft pas une plaifanterie qui fait rire; mais c'eft une hiftoire fabuleufe, ornée de tableaux délicieux qui ont l'air & le ton de la vérité. C'eft un conte qui, à la premiere lecture, étonne & frappe celui qui le lit, & comme on croit voir des habitans dans la Lune en lifant Fontenelle, on eft tenté de croire la fable de la Comete en lifant les Epoques.

Les Lettres fur l'origine des fciences font calquées fur ces deux modeles; on ne fauroit mettre plus d'efprit, plus d'art, plus d'intérêt que l'Auteur en met dans ſes recherches charmantes & ingénieuſes ; ſi le Peuple ſavant qu'il a découvert avoit exiſté, il eſt ſûr qu'il auroit été le pere des ſciences, & ſur-tout de l'Aſtronomie. Or, d'après ſon aſſertion, il a fallu un premier être qui fût la tige des ſciences ; cet être a dû être un Peuple ; & ce Peuple dont il ne reſte aucun veſtige, eſt celui dont M. Bailly ſuppoſe l'exiſtence.

Tant que de pareils ſyſtémes, ou d'auſſi jolies fables, reſteront entre les mains d'hommes ſenſés & raiſonnables, les privileges de la Divinité reſteront dans leur entier, & la raiſon ne ceſſera de s'y ſoumettre & de les reſpecter. Mais il y a tout lieu de craindre que l'imagination de ces petits Savans qui ſe propagent tous les jours, ne s'échauffe & n'abuſe de ces jeux du génie, pour fronder avec plus d'audace les vérités reçues chez tous les Peuples, & conſacrées dans les annales de toutes les Nations.

Plus on réfléchit ſur la prétendue exiſtence de ces Peuples qu'on ſuppoſe ſi inftruits, & qui ont vécu tant de milliers d'années avant le premier hommme créé par Dieu, plus on eft étonné qu'ils n'aient laiffé aucun monument, aucune tradition fur l'origine du monde, & qu'on nous étale à fi grand frais le mérite de leurs obfervations. On leur prodigue avec emphafe l'intelligence de tous les fciences, tandis qu'on affecte de taire la connoiffance naturelle qu'ils avoient d'un Être-Suprême. Ils connoiffoient même à un certain degré de perfection la phyfique & l'aftronomie : ces deux objets de fcience devoient exciter l'attention & la curiofité des premiers comme des derniers hommes, elles tiennent à des vérités utiles qui frappent les fens.

L'ordre qui regne, & les mouvemens que les premiers hommes ont apperçu dans les aftres, ont dû les étonner, il étoit naturel de les obferver foigneufement, dans l'efpérance d'y découvrir quelqu'avantage après en avoir admiré la magnificence; ils faifoient moins de bruit

que nous, & favoient peut-être davan-
tage. Ils n'avoient pas les moyens que
nous avons, ni la même facilité de fe
communiquer & de perpétuer leurs con-
noiffances, mais les recherches de nos Savans favent y fuppléer. Il eft bien étonnant
que dans toutes ces recherches, on n'y
trouve pas un feul mot qui annonce la
Divinité, que tous ces Peuples ont reconnu, que les Sauvages reconnoiffent
& refpectent. Il paroît bien fingulier que
la formation de l'Univers n'y foit pour
rien, & que, fans dire qu'il eft éternel,
ces anciens Savans ne difent pas qu'il a
eu un commencement.

Tous les emblémes des Philofophes &
les allégories de la fable, ne fauroient
s'interprêter en faveur d'aucune hypothefe. Et comme les hypothefes elles-
mémes font des efpeces de fables plus ou
moins féduifantes, que ce font des jeux
de l'imagination, des écarts de l'efprit,
fondés fur des calculs fouvent incalcu-
lables, & fur des expériences toujours

invérifiables, il s'enfuit que tous les raifonnemens ne font que des fophifmes
infidieux qui aveuglent les favans & les
ignorans, les forts & les foibles, & les
entraînent tous dans le précipice de l'erreur.

Pendant que le Phyficien cherche à
s'affurer des effets, dans l'efpérance d'en
découvrir les caufes, il s'écarte prefque
toujours des deffeins de Dieu pour fatis-
faire fa curiofité. Tandis qu'il cherche la
caufe de différens phénomenes, il n'en
apperçoit ni l'utilité ni la néceffité. Il ne
veut pas fentir ni convenir que toutes les
commotions qui arrivent dans le globe,
font utiles à toute efpece de productions.
Elles font l'effet des vents, qui ébranlent
les arbres jufques dans leurs racines, pour
y mieux faire pénétrer les fucs nourriciers:
les matieres rejettées par les éruptions &
les volcans, font comme les excrémens
de la terre qu'elle vomit pour s'en débar-
raffer. Tous ces effets font fi vrais, fi
naturels, qu'il eft étonnant que nos grands

hommes veuillent s'en fervir pour fabriquer des hypothefes.

Ce bel ordre qui regne dans la Nature, toutes les fingularités qui s'y rencontrent, les phénomenes effrayans qu'on croit voir dans le ciel, & qui enflamment l'athmofphere, ceux qui fortent des entrailles de la terre, font des événemens purement phyfiques que Dieu a rendus tels. Le Phyficien qui les contemple, ne fauroit s'empêcher de convenir qu'il a fallu un Être tout-puiffant, pour établir tant d'ordre au milieu de tant de confufion.

On demande, fi la terre eft réellement compofée des mêmes matieres que les planetes? Je fais que la maniere, ainfi que la matiere dont on les forme, font oppofées au texte de la Genefe, & qu'elles font la bafe principale du fyftéme publié dans les Epoques; M. de Buffon ne paroît point douter de ce fait important : mais il ne dit pas, fi les phénomenes, qui femblent appartenir à la terre, font les mêmes que ceux qui arrivent dans la Lune; fi les
différentes

différentes efpeces d'habitans & de pro-
duétions qui font dans l'une, reffemblent
à celles qu'on doit fuppofer dans l'autre.
Car fi la terre, la Lune & les autres planetes font compofées des mémes matieres,
fi ce font des fragmens du Soleil qui leur
ont donné naiffance, on a droit de fuppofer, que ce qui arrive dans l'un, doit
arriver dans l'autre : la réponfe eft du
reffort des Aftronomes.

La connoiffance du ciel eft bien digne
de leurs travaux pénibles; les calculs &
les inftrumens qu'ils ont imaginés, font
admirables; c'eft à l'aide de ces moyens
qu'ils font venus à bout de découvrir des
aftres invifibles & inconnus, de diftinguer
leurs marches, leurs mouvemens, leurs
révolutions; c'eft par leurs obfervations
qu'ils en ont mefuré les diftances précifes,
qu'ils en ont connu les dimentions, la
figure; c'eft par leurs obfervations, & par-
ticuliérement par celles de M. de Buffon,
qu'ils ont découvert des cometes redou-
tables, dont on doit craindre les appro-

ches, & des milliers de globes lumineux dont on ignore l'ufage, fans compter ceux qu'on peut fuppofer & qui peuvent être bien plus nombreux; car tout ce qui eft dans l'immenfité, eft incompréhenfible. M. de Buffon lui-même, qui paroît fi familier avec le ciel, n'y comprend pas plus que moi. Il a l'art d'éviter la difficulté; mais peut-il imaginer qu'on n'apperçoit pas fes tranfitions?

Le Philofophe le plus favant, comme le plus vain, a beau bâtir des fyftêmes, ils s'écrouleront bien vîte. Il a beau s'imaginer, qu'il connoît l'architecture du ciel, qu'il fait le nom de toutes les pieces qui le compofent, leurs rapports, leurs diftances, leurs variations, leurs ufages : il a beau obferver cette multitude de merveilles qui le forcent à en foupçonner une infinité d'autres; tout l'avantage qu'il en peut tirer, c'eft d'avouer que les fyftêmes les plus probables, enfantés par l'imagination, fouvent nourris par la vanité, font autant de preftiges qui tendent à

méconnoître l'Auteur de ces merveilles, le feul Dieu qui les a pu faire, la
feule puiffance qui en établit la marche,
dont la durée eft inconnue & la fin impé-
nétrable. Tous les calculs font vains, les
recherches font inutiles. Les 93000 ans
d'exiftence, que M. de Buffon accorde à la
terre, fubiront le fort de fa comete & de
fon fyftéme. Dieu anéantira, quand il voudra, ce qu'il a fait, quand il l'a voulu.

Cependant fi le Soleil, au lieu d'être
immobile, fi, au lieu d'avoir un mouvement de rotation, il en avoit un circu-
laire, & que les planetes euffent des
mouvemens tellement combinés, que tout
l'ordre qui regne dans cette grande ma-
chine, produisît des effets également utiles,
quand on n'auroit pas apperçu le grand
anneau de Saturne, ni tous les fatellites
des planetes, qu'en feroit-il arrivé? M.
de Buffon n'auroit pas imaginé que ces
accidens, autrefois lumineux, fuffent fortis
du corps de ces planetes, bouffies par la
chaleur, dans le tems qu'elles étoient en

fusion. Quel désavantage en seroit-il ré-
sulté ? Quand les cometes supérieures,
qu'on a eu tant de peine à découvrir,
seroient ignorées, quel en seroit l'incon-
vénient ? Il est vrai que nous n'aurions
pas su tout ce que M. de Buffon nous
dit sur la formation de l'Univers & de
tous les êtres vivans ; nous aurions con-
tinué de croire tout bonnement, que nous
devions tous ces bienfaits à Dieu seul,
créateur de tout ce qui existe, nous aurions suivi l'impulsion de cette croyance
qu'on trouve souvent chez les hon-
nêtes gens, rarement chez le vulgaire, &
peut-être encore plus rarement chez les
Savans.

Mais, encore une fois, souffrons-nous
de ne pas connoître une infinité d'étoiles
ou de soleils qui peuvent exister dans l'immensité ? Nous demandons à M. de Buffon,
si tous ces corps célestes, si tous ces mondes, dont l'existence paroît indubitable,
ont été créés, développés & arrangés par
Dieu, ou non ? Si la Nature fait dans

ces régions tout ce qu'on lui fait faire ici?
Alors le filence abfolu de M. de Buffon fuf-
fira pour conclure, que fon fyftême eft
abfolument le même que celui de la fable
& de la philofophie Payenne, habillé à
la Françoife; il feroit bien plus vrai &
bien plus honnête d'avouer & de reconnoître que Dieu a mis des bornes à notre
raifon, que l'homme, tel qu'il puiffe être,
ne pourra jamais franchir, & que les pré-
tendus progrès dont nous nous vantons,
font autant de fictions qui féduifent les
autres, après nous avoir trompés.

On ne fauroit difconvenir que notre
globe ne renferme toutes les matieres
poffibles; les commotions qu'il éprouve,
font proportionnées à la maffe des matieres combuftibles, & cette commotion
ne fe termine, pour l'ordinaire, qu'en
forçant la terre de s'ouvrir pour rejetter
au loin les obftacles qui les retenoient
trop ferrées, trop renfermées, trop en-
chaînées. Les matieres qui compofent le
tonnerre, produifent une explofion à-peu-

près semblable, & notre poudre à canon
en est l'image. Comment M. de Buffon
peut-il avancer qu'il y a dans le centre
de la terre un reste de son feu de fusion
qui agit & qui produit ces effets, qui sont
naturels, & non des phénomenes ?

Ajoutons à ce que nous avons dit, que
ces secousses & ces ébranlemens paroissent
être faits pour établir une circulation, &
une communication utile pour faire parvenir jusqu'à la surface de la terre les
avantages de la sublimation qui fait ferti-
liser les productions des trois regnes, &
qui leur donne des propriétés aussi utiles
qu'incompréhensibles.

Or, si la terre avoit été en fusion pendant tant de milliers d'années, un feu aussi
long & aussi violent n'auroit laissé dans
son sein aucune matiere utile ni combus-
tible ; elles se seroient toutes desséchées,
calcinées, vitrifiées.

Il y a tout lieu de croire, comme le
remarque l'Auteur des Epoques, que la
sublimation que le feu opere sur les ma-

tieres métalliques, ait pu renvoyer vers la furface du globe des portions d'or & de pierres précieufes qui font indeftructibles, & dont les germes avoient été créés par Dieu, pour y multiplier felon les loix qu'il leur avoit impofées, & dont la Nature n'étoit que l'exécutrice.

D'ailleurs l'or qu'on veut nous faire entendre avoir été formé par la fufion totale du globe, auroit été acheté trop cher, c'eft-à-dire, aux dépens de toutes les matieres qui le conftituent, aux dépens du globe même, qui auroit été calciné, & par conféquent ftérile & inhabitable ; en un mot il eût été tel qu'il fera, quand le feu defcendra du ciel par l'ordre de Dieu, pour tout confumer; d'où il faut conclure que toutes les merveilles que Dieu feul a pu faire fortir du néant, doivent y rentrer, parce que Dieu ne feroit pas Dieu, fi quelque chofe pouvoit être éternel comme lui, ou fubfifter fans lui.

On a la témérité d'infinuer que tout ce qui a été écrit, tout ce qui a été cru

Jufqu'à préfent, n'étoit fondé que fur des préjugés vulgaires, fur des fables que l'ignorance a tranfmifes comme des vérités. L'orgueil qui fe permet tout, prend le ton du refpect & du ménagement, pour affoiblir dans Moïfe la qualité de Prophete infpiré par l'efprit de Dieu. On le regarderoit volontiers comme un ignorant qui n'avoit aucune idée des fciences, pas même de la phyfique & de l'aftronomie, fans lefquelles on ne peut avoir aucune notion de l'ouvrage de la formation du ciel & de la terre ; il falloit que Moïfe n'eût pas même entendu parler de ces favans Peuples, dont il étoit plus contemporain que M. Bailly qui les connoît, comme il connoît les Epoques, auxquelles il a voulu procurer des monumens ; car tous les Savans veulent s'en mêler.

Suivant Moïfe, l'époque du monde ne peut remonter qu'à fept à huit mille ans, tandis que MM. de Buffon & Bailly, en feuilletant, en déchiffrant, en débrouillant les monumens les plus anciens, monumens enfevelis aux yeux du vulgaire, ils y ont trouvé des routes encore frayées, que la Nature y a tracées, & que les révolutions étonnantes qu'elle a éprouvées, ont refpectées.

Tous ces Savans, tous ces fubtils fcrutateurs de la Nature ne fauroient pardonner à Moïfe, d'avoir dit que ce grand ouvrage du monde, qui a coûté tant de milliers de fiecles à la Nature, pour le rendre tel qu'il eft (tandis qu'il n'eft que ce qu'il a toujours été); ils ne veulent pas, dis je, convenir qu'un tel ouvrage ait pu être fait en fi peu de tems, & que les fix petits jours, que Moïfe donne à la création, n'étoient qu'un jargon trivial pour fixer la crédulité des Peuples qu'il avoit intérêt d'entretenir.

Il eft vrai que ce premier légiflateur, ce confident de la Divinité, a décrit de la maniere la plus fimple la création & la formation de ce grand Univers; on voit bien que c'eft la vérité qui parle; & encore une fois, les six espaces de tems qu'il a désignés, n'ont besoin d'aucune interprétation : celle qu'on lit dans les Epoques, n'est qu'un rafinement, une pure subtilité de grammaire, bien peu digne du grand homme qui la présente.

Mais quoique la terre ait été informe & stérile au premier moment, ce défaut de forme n'avoit pas besoin d'une élaboration de 34000 ans, pour être rectifié. De tels calculs n'ont jamais pu entrer dans le projet de la Divinité.

Mais si ce font des opérations purement physiques qui ont formé & perfectionné notre terre, ainsi que toutes les planetes que nous connoissons, on est forcé de croire, que tous les corps célestes, visibles ou invisibles, ont été en fusion, & dérivent de la même source que les nôtres, & que ce font des causes physiques très-indépendantes de Dieu, qui les ont produits. Quand on hasarde de soutenir, ou même de proposer de pareilles hypotheses ou d'aussi favantes puérilités,

les complimens refpectueux qu'on fait
à la Divinité, font bien équivoques, &
l'efpece de foumiffion qu'on affiche pour
les vérités révélées, n'eft qu'une dérifion
de plus.

Nous fommes bien éloignés de vouloir
affoiblir le mérite & les talens de l'Auteur
des Epoques, à qui nous rendrons toujours le plus fincere hommage, quand les
intérêts de Dieu & de la Religion ne fe-
ront pas compromis. On trouve dans fes
récits des tableaux qui enchantent, des
détails qui étonnent, & un ftyle toujours
féduifant & guidé par le génie. En un
mot, fon ouvrage eft le réfultat d'un
efprit très actif, d'un travail affidu & d'une
compilation immenfe ; les contradictions
font adroitement couvertes, & les répé-
titions font agréables.

Mais à travers ces effets du génie qu'on
apperçoit dans l'Hiftoire Naturelle, on voit
que les Epoques qui en font la conclufion,
perdent à mefure qu'on les lit. On ne fe
feroit peut-être pas fi-tôt apperçu des er-

reurs qu'elles contiennent, ſi la puiſſance de l'Être Suprême avoit été un peu plus ménagée, & ſi cette malheureuſe hypotheſe n'étoit pas appuyée ſur un rêve auſſi incroyable que ridicule, & dont les Savans comme le vulgaire ſentent l'invraiſemblance.

Mais que l'Auteur de l'hypotheſe me permette de lui demander, ſi c'eſt de bonne foi qu'il reconnoît la vérité du premier verſet de la Geneſe ; ce verſet ne doit pas avoir plus de privilege que les autres, c'eſt le même eſprit qui les a dicté tous : M. de Buffon n'a d'autre certitude que Dieu a créé le ciel & la terre, que le texte de Moïſe qu'il cite mot pour mot. Il eſt le ſeul qui ait annoncé cette vérité, parce que c'eſt à lui ſeul que Dieu l'a révélé.

Nier que Dieu ait créé le ciel & la terre, ou avancer qu'il a ſeulement créé la matiere dont ils ſont faits l'un & l'autre, c'eſt ſe donner le ton d'un interprete bien nouveau & bien audacieux. Vouloir encore que les autres actes qui ont ſuivi la

création du ciel & de la terre, n'appar-
tiennent pas à la puiffance de Dieu comme
créateur, mais qu'ils ne foient que les produits de la Nature, parce qu'elle a été le
principe des développemens & de l'arrangement des matieres créées, c'eft jouer le
rôle d'un petit Dieu, que d'heureufes molécules organiques ont engendré dans le
fein de la Nature, & deftiné par elle à
fixer des époques & à conftruire des monumens prefqu'éternels, pour mieux la
célébrer. Un pareil plan, s'il étoit fé-
rieux, tendroit à renverfer toutes les vérités reçues ; mais d'après la profeffion de
foi de l'Auteur, on doit croire qu'il n'a
pas eu ce deffein ; la fcience des calculs
échauffe l'imagination, & quelquefois l'efprit s'oublie.

Dieu a pu vouloir créer d'abord les
différentes maffes, dont il a fait le ciel &
la terre ; toutes les formes qu'il devoit
leur donner, étoient arrangées dans fa
volonté, & le tout a été développé par
différens actes de fon pouvoir, tels qu'ils

nous ont été tranſmis par Moïſe. Il eſt poſſible que tous les ſoleils, planetes, étoiles fixes, cometes, & autres aſtres ſupérieurs que nous n'appercevons pas, aient été créés, formés & établis dans le même tems & par les mêmes actes de puiſſance. Cette maniere de faire eſt bien le procédé de la Divinité. Il ne faut ni époques, ni monumens, ni calculs pour établir cette vérité ; elle a été crue & reſpectée depuis qu'il y a des hommes.

Dieu avoit voulu que les élémens fuſſent confondus ; il a voulu les ſéparer ; & d'un mot il l'a fait. Il avoit par ſa volonté formé la terre de toutes les matieres qui la compoſent : tout nous le manifeſte. Les feux ſouterreins que nous y reconnoiſſons, les effets des matieres ignées qu'il y a miſes ; les pierres, les rochers, & tous les corps ſolides qu'on y voit, ſont, pour ainſi dire, les fondations, les pilaſtres, les arcboutans qui ſoutiennent le grand édifice de notre globe. Le pouvoir du feu eſt bien exprimé dans les matieres calcinées & vitrifiées qu'on trouve en différens endroits de la terre. Tous ces effets font autant de leçons pour l'homme, & à chaque pas que l'on fait, on voit que Dieu a laiffé des moyens de le mettre à portée de profiter de fes bienfaits. Les germes de toutes les mines fans exception, & des matieres les plus précieufes qu'on trouve dans les entrailles de la terre, y ont été placés par Dieu même, dans le tems de la création. Il y a établi une cir-culation d'eau, pour les charrier & les raffembler. Il y a mis un feu toujours agiffant, pour leur donner la coction & la perfection néceffaires. Il a aiguifé par là l'induftrie & l'émulation dont il avoit gratifié l'homme.

On voit donc, dans le récit de Moïfe, un plan fatisfaifant que la vérité trace.

Quand Dieu fépare les eaux d'avec la terre, il crée à l'inftant des animaux pro-pres pour habiter cet élément. La furface de la terre devenue libre, produit fur le champ des herbes, des plantes, des

arbres & des fruits de toute espece,
pour servir de nourriture aux animaux,
qu'il créa de même, avec cette variété
étonnante qui n'appartient qu'à Dieu.

Et quand on veut supposer que les
molécules organiques, qui devoient produire tous les êtres, étoient dans l'eau;
& que la chaleur de la terre, combinée
avec ces eaux déja fécondées par la Nature, les a rapprochées, unies, dévelop-
pées, & qu'il en est sorti non-seulement
les animaux aquatiques, mais encore les aë-
riens & les terrestres qui ont subsisté & qui
subsistent. Quand on considere que cette
Nature, dont la puissance, à cet égard, est
dans l'imagination, a donné à ces molécules organiques la vertu particuliere &
spécifique de ne pas confondre les especes,
d'en différencier les sexes pour pouvoir
se reproduire, &c. De telles prétentions
ne sauroient appartenir à l'arrangement ha-
sardeux de ces molécules répandues çà &
là dans l'immensité des eaux, dont on

voit

voit avec peine l'Auteur des Epoques com-
pofer & animer tous les êtres vivans. Que
M. de Buffon nous dife donc pourquci
la Nature ne s'accouple plus avec les
eaux qu'elle avoit rendues fi fécondes ?
Par quelle cataftrophe ont-elles perdu le
pouvoir de tout former, de tout engen-
drer? Car depuis Moïfe, on n'a pas vu
une feule production de leur façon, pas
un feul homme, pas un éléphant, pas un
hyppopotame, pas même un moineau ;
d'où il s'enfuit que les molécules organiques de M. de B. font tout auffi ridicules que les atômes crochus d'Epicure.

Ce grand Ecrivain n'a rien dit dans fon
ouvrage fur la création de l'homme, il
dit feulement qu'il a été fait le dernier.
On ne voit rien qui la diftingue de la
formation de tous les animaux. Il paroît
être forti des eaux comme tous les êtres
vivans ; la Nature qui favoit faire des éléphans, des hyppopotames, favoit auffi
former des hommes, c'eft pourquoi M.

F

de Buffon en fait paroître tout-à-coup une multitude fur le globe. Il les peint comme les plus vils habitans de la terre ; ils n'ont que l'abri des montagnes pour afyle, dont ils font chaffés par le feu des volcans : toujours tremblans, auffi nuds d'efprit que de corps, expofés aux injures des élémens, victimes de la fureur des animaux féroces, dont ils deviennent fouvent la proie ; tous preffés par la néceffité, & tous également pénétrés du fentiment de la terreur. Le Paradis terreftre n'é-toit-il pas mieux imaginé ! n'étoit-il pas plus digne du Créateur & de l'homme créé ?

On aura beau demander à l'Auteur des Epoques, on aura beau le preffer de dire, d'où il fait fortir ces hommes beaucoup moins induftrieux que les animaux, errans fur la terre, fans y trouver d'afyle, vivans fans connoître leur fubfiftance ; on aura beau le fommer de répondre à cette queftion, il n'y répondra jamais, mais il dira *qu'il ne préfente pas fon hypothefe comme une démonftration ni comme une vérité révélée, & que rien n'oblige à la croire.*

Mais faudra-t-il garder le filence fur l'athéifme qu'on tolere, & fur le déifme qu'on publie, parce que rien n'oblige à les croire? Faudra t-il accueillir le Syftême de la Nature, les impiétés du Dictionnaire philofophique, & tous les Livres de cette couleur, dont on a inondé la Capitale, parce que rien n'oblige à les croire? Tous ces complots de Savans, tous ces amas de fciences qu'on prodigue, ne font-ils pas répréhenfibles? Avouer que rien n'oblige à croire des fauffetés démontrées, des fyftémes contraires à l'évidence, c'eft fe jouer de la raifon, c'eft la méprifer, c'eft l'outrager; & cette même raifon préfentera toujours l'hypothefe fous le même point de vue, c'eft-à-dire, cherchant à s'élever fur les débris de la création.

Tandis que les molécules organiques,

formées par la Nature, couvées par la
Nature, éclofes par la Nature, font célé-
brées par M. de Buffon, comme le principe de toutes les productions, Dieu refte
indolent & comme anéanti : fon nom, qui
fait trembler les démons, n'intimide point
nos Philofophes; & fi on ne craignoit pas
de trop bleffer les foibles, on ne le pro-
nonceroit peut-être plus.

Le fyftéme des molécules eft trop lié
avec l'hypothefe générale, pour être abandonné à la puiffance d'un être invifible,
qu'il faut croire, fans pouvoir le connoître, & dont les œuvres ne font point
du tout à la portée de la raifon : au lieu
que, dans la narration des Epoques, fi
bien faite, fi bien dite, fi bien calculée,
fi bien mefurée, on voit évidemment que
la feule puiffance de la Nature a mis les
poiffons en poffeffion des eaux, où ils ont
été formés ; les quadrupedes fortir de la
même fource pour habiter la terre, & le
pôle par préférence, & enfin des hommes
timides répandus çà & là, fans favoir

par où, ni comment ils y sont arrivés.

On ne dit pas combien de milliers d'années ces hommes errans ont été exposés aux outrages de la terre agitée, & aux insultes des bêtes farouches & insatiables. On ne conçoit pas comment ils ont pu se conserver au milieu de tant de dangers, on conçoit encore moins comment ils se sont multipliés. La Nature qui renfermoit dans son sein le germe de tous les êtres, maîtresse de donner plus ou moins de vigueur & d'intelligence à qui elle voudroit, semble avoir été moins favorable aux hommes qu'aux animaux. Car ceux-ci, malgré les tremblemens, malgré les souterreins embrasés toujours ouverts sous leurs pieds, porterent partout les marques de leur férocité, tandis que les hommes *ne faisoient aucuns pas sans rencontrer des précipices.*

Mais, malgré l'état de la terre qu'habitent ces malheureux hommes, terre toujours agitée par les terribles restes du feu de fusion qui agissoit encore, la Nature

plus féconde que prévoyante, se multi-
plioit par tout sans précaution; son sperme
trop abondant la forçoit à la génération;
& c'est sans doute ce qui fait dire à son
panégyriste que les animaux *étoient des
géants*, relativement à ceux qui nous res-
tent de la même espece.

Ce n'a été qu'après bien des siecles que
ces mêmes hommes, en se rapprochant
les uns des autres, ont cru sentir qu'ils
avoient assez de force & d'adresse, pour
se soustraire à la fureur des animaux,
& même pour les dominer & les détruire. La terre, devenue plus tranquille,
les rendoit moins timides; les volcans &
les tremblemens devenus plus rares, ils
sentirent dans leurs cœurs un mouvement
de force & de courage, & chercherent
les moyens de se rassembler.

Il est bien étonnant que l'immense
quantité d'eau qui avoit submergé la terre,
n'ait point appaisé l'action du feu qui ré-
sidoit dans ses entrailles, & que les mouvemens convulsifs, occasionnés par ces

feux fouterreins, aient fubfifté fi long-
tems & fi univerfellement dans le globe.
N'a-t-on pas droit de foupçonner que
ces eaux prétendues font plutôt des vapeurs de l'efprit humain que l'effet d'une
ébuillition véritable? N'a-t-on pas lieu de
croire que ce déluge précoce & chimé-
rique étoit néceffaire au plan projetté?

Quand l'Auteur des Epoques aura démontré, 1°. que ces eaux ont exifté, &
qu'en fecond lieu, elles renfermoient le
germe de tous les animaux poffibles .
qu'elles n'avoient befoin que de s'unir à la
terre brûlée ou brûlante, pour développer fa fécondité, & que de ce mélange
enfin de l'eau avec la terre, font forties
toutes les efpeces de poiffons, de reptiles,
d'oifeaux, de quadrupedes, & l'homme,
nous dirons encore, que fi une telle gé-
néalogie n'eft pas ridicule, la projection
de la comete n'eft qu'une gentilleffe; mais
telle férieufe qu'on nous la donne, &
qu'elle puiffe être, les partifans de la Genefe ne s'en prévaudront pas.

Si le charmant Auteur des Epoques avoit voulu ne pas être l'antagoniste de Moïse, il auroit tiré un excellent parti de l'histoire qu'il auroit pu faire de la création. L'homme d'esprit a bien de l'avantage quand il est guidé par la vérité, & par un sentiment avoué de tous les tems, & peut-être de toutes les Nations. Mais enivré de l'esprit de la nouvelle philosophie, séduit par sa propre éloquence, il n'a pas senti que sa fable seroit abandonnée comme une infinité d'autres auxquelles il a eu recours.

En vérité, il faut être bien enthousiaste pour employer tant d'érudition à peindre tant de chimeres, pour annoncer que les rhinocéros, les éléphans, &c. ont été obligés d'habiter sous le pôle, sans dire qu'ils y soient nés, parce qu'il faisoit trop chaud sous l'équateur, & que quelque tems après, ces animaux si superbes, & tant chéris par la Nature, soient tous péris de froid dans ce doux climat qu'elle leur avoit choisi ; cette mere sans doute trop occupée de sa

tendresse,

tendreffe, avoit oublié que le pôle moins épais, devoit être glacé avant que l'équateur fût attiédi.

Ce malheur n'affligea pas la Nature, il devoit fervir de monument principal aux Epoques, pour prouver l'antiquité de fes ouvrages & de fa puiffance. En effet les fquelettes de ces grands animaux qu'on découvre fans ceffe en Syberie; à cinq ou fix pieds de la furface de la terre, en font des preuves plus qu'évidentes. Par conféquent, fans les offemens d'éléphans gelés & confervés prefque fur la furface de la terre, & encore fans les écailles de poiffons dépofées plus anciennement & plus avant dans ce même terrein, il ne refte plus de monumens valables; & fans ces monumens, plus d'hypothefe, plus d'époques. Or quel cas doit-on faire d'un édifice fondé fur des débris d'animaux aquatiques, & terminé par des os de quadrupedes.

Les effets du véritable déluge confacrés dans les Livres Saints, & conftatés par

G

une tradition univerfelle, expliquent très-
clairement cet événement qui eft très-
naturel, & qui n'a rien de fingulier. Il eft
certain que tous les animaux, excepté ceux
confervés dans l'arche, ont péri fous les
eaux du déluge; il eft probable que leurs
cadavres ont fuivi la pente naturelle des
eaux dans le tems de leur retraite, &
que les pôles beaucoup plus bas que les
autres parties du globe, ont dû les recevoir. Il eft donc plus raifonnable de croire
que les fquelettes d'éléphans qu'on trouve
en Syberie, y ont été emmenés par la
retraite des eaux du déluge, que d'imaginer qu'ils y ont péri par le refroidiffe-
ment graduel dont ils ne fe font point apperçu. Nos hirondelles font donc bien plus
intelligentes. Il me femble que les hommes
& les animaux d'aujourd'hui auroient plus
d'efprit que ceux de ce tems-là; & que fi un
pareil réfroidiffement arrivoit en France,
nous irions avec nos animaux chéris en
Efpagne pour nous y réchauffer. On
objecte la féparation du continent qui

vient fort à propos pour fervir l'hypothefe.

Avouons donc que depuis l'inftant de la féparation des élémens, le pôle a toujours été froid, que les glaces l'environnent depuis ce moment, qu'elles font faites pour renvoyer une fraîcheur dont tout le globe a befoin. D'où il faut conclure que jamais éléphans vivans n'ont habité ce terrein que le Soleil éclaire à peine ; & que fi on y trouve une multitude de fquelettes & d'offemens de ces animaux, ils n'ont pu y être entraînés que par les eaux du déluge.

Moïfe, dans le récit de la création, n'a penfé qu'à imprimer de la reconnoiffance & du refpect pour le Créateur ; il n'a pas eu deffein de donner des leçons de phyfique & d'aftronomie ; il favoit bien que Dieu avoit établi & dirigé la marche & le mouvement de tous les corps qu'il avoit créés.

Quand il dit que Dieu créa d'abord le ciel & la terre, ce mot ciel ne fignifioit autre chofe en ce moment, que cette

voûte immenſe où nos regards ſe perdent, ſous laquelle Dieu a créé tous ces
corps lumineux viſibles & inviſibles, qui
nous étonnent & nous raviſſent. Le Soleil
& les planetes qui paroiſſent nous avoi-
ſiner de plus près, ſemblent avoir été
créés pour notre bonheur particulier : &
on pourroit dire que la terre, qui étoit
ſtérile & impuiſſante au moment de ſa
création, a ceſſé de l'être, dès que la
chaleur du Soleil a paru ; on diroit qu'il a
été fait pour la ſalubrité de la terre & pour
développer les germes que Dieu venoit
d'y mettre. Jamais Naturaliſte ne conteſ-
tera l'influence de cet aſtre bienfaiſant, &
ne devinera les matieres qui le compoſent.

Quand l'Ecrivain ſacré nous dit encore
que Dieu a créé le Soleil pour préſider
pendant le jour, cela ne doit-il pas ſignifier que ſa chaleur étoit néceſſaire pendant un certain tems, mais qu'elle eût été
nuiſible & funeſte, ſi elle avoit été con-
tinuelle ? Diſons donc que la chaleur que
nous reconnoiſſons venir du Soleil, eſt la

feule qui foit véritablement utile aux habitans & aux productions de la terre ; & que
nous n'avons pas affez de confiance dans
les Epoques, pour attribuer au refte du
prétendu feu de fufion cette grande chaleur fi peu fenfible, qui diminue & dimi-
nuera au point que tout le globe fera
glacé. On verra alors combien la chaleur
du Soleil eft impuiffante.

Si Moïfe avoit défigné les mouvemens
& les phénomenes dépendans des révolutions de planetes ; s'il avoit démontré
par des calculs leur forme , leur dif-
tance , &c. s'il avoit imaginé des inftrumens faits pour rapprocher les objets qui
s'échappent à la vue , enfin, s'il avoit
détaillé les moyens qu'on emploie aujourd'hui, le nombre de MM. les Savans
n'auroit pas fait une claffe bien diftin-
guée parmi les Nations ; & la portion
d'intelligence, donnée par Dieu aux Phy-
ficiens comme aux Aftronomes, eût été
vaine & fans actions, tout bon copifte
y feroit parvenu.

G iij

Dieu a donc voulu laisser aux hommes les moyens d'exercer les talens qu'il leur avoit donnés; & c'est par une suite de sa sagesse & de sa prévoyance que ces mêmes hommes trouvent dans la Nature créée une variété d'objets capables d'occuper leur goût & leur génie.

Mais l'homme, & sur-tout l'homme qui se croit philosophe, en a toujours abusé, & en abuse plus que jamais. Il dit dans son cœur que son esprit n'est pas un don de la Divinité, & que sa science est le fruit de ses veilles & de ses travaux, *abominales facti sunt in studiis*. Il veut nous faire entendre que le Soleil & tous les astres ont été faits sans Créateur, que le moment de leur existence est inconnu, & qu'un beau jour, sans que le Créateur s'en soit apperçu, l'un de ces corps lumineux tomba dans le Soleil. On ne dit pas ce qu'il est devenu, ni s'il a remonté dans son espace, ou s'il est resté en fusion avec les autres matieres qui bouillent sans cesse dans ce globe toujours embrasé.

On ajoute, avec un ton de confiance, que la chûte de ce corps énorme dans l'aftre, qui n'eft qu'un feu liquide, en a fait jaillir des portions qui fe font arrêtées dans l'immenfité des airs à des diftances inégales, toujours également foumifes aux loix de l'attraction & à la force centrifuge ; elles y font reftées comme immobiles, n'ayant d'autre mouvement que celui de rotation, pareil à celui qu'on attribue au Soleil leur pere.

Telle eft l'origine de toutes les planetes. Origine ancienne, puifqu'il a fallu 36936 ans, tant pour achever la fufion du globe de la terre, que pour parvenir à un certain degré d'attiédiffement *encore beaucoup trop chaud pour pouvoir en approcher.*

Quand aux phénomenes qui arriveront fur la terre pendant les 93000 ans qu'elle a encore à fubfifter, il fe formera d'ici-là des Savans qui ne manqueront pas de les recueillir & de les tranfmettre ; il eft même vraifemblable que la durée de cette

époque, quelque longue qu'elle paroiſſe,
ſera trouvée trop courte, & qu'on ima-
ginera des moyens, par des calculs ſavans & invérifiables, de la prolonger tant
qu'on voudra. Si la Nature a laiſſé des
monumens tout exprès pour faire connoître aux hommes qu'elle avoit fait par
degré tout ce qui exiſte, elle ſaura bien
en établir d'une autre eſpece, qui ſerviront
à prouver même l'éternité de ſes ouvrages.

Cependant je doute qu'il naiſſe des
obſervateurs qui égalent celui dont nous
liſons l'ouvrage. Il faut bien des ſiecles,
pour former un homme de ſa trempe ;
il n'y a jamais eu qu'un Homere, & ſes
fictions ne ſont pas mieux préſentées,
mieux dites, que l'eſt celle de la comete,
que l'art du ſavant Phyſicien & du grand
Aſtronome a rendu preſque vraiſemblable.

La projection de la comete dans le
Soleil, les éclabouſſures de matieres bouillantes dont on fait les planetes, leur fuſion, les bourſoufflures reſtées à leur ſur-
face, qui ont formé l'anneau de Saturne,

les fatellites de Jupiter, & peut-être bien d'autres accidens qu'on n'apperçoit pas, le réfroidiffement qui a fuivi, les vapeurs excitées par le feu, qui ont formé toutes les eaux qui exiftent, l'inondation univerfelle qu'elles ont occafionnée, les germes des animaux de toute efpece que la Nature y a dépofés, & qu'elle a fécondés fi prodigieufement, &c. tout ce plan fabuleux n'eft il pas la parodie de celui de Moïfe? Comment ofe-t-on dire que ces ouvrages & ces effets extravagans & chimériques font faits pour honorer l'Être-Suprême qu'on ne fait entrer pour rien dans ces arrangemens?

Que tous les Savans paroiffent de quelque Nation & de quelque religion qu'ils foient; qu'ils mettent en comparaifon la fable de la Comete, & l'invention des molécules organiques dont on forme & dont on peuple l'Univers, avec le récit fimple & naïf que fait Moïfe de la création, je ne leur demande que de la bonne foi pour juger la queftion.

L'un exprime avec la plus grande énergie la toute-puissance de Dieu, & l'autre
la couvre d'un voile ridicule pour l'avilir.

Quand je vois Dieu faire sortir du
néant, par sa volonté, par sa parole,
tout l'Univers, mon ame persuadée semble s'élever jusqu'à lui, mon esprit ne
cherche point à épiloguer une vérité qui
le console, il voit par la magnificence de
l'ouvrage, qu'il n'y a qu'un Dieu qui ait
pu le faire.

Mais quand je lis attentivement les
Epoques de la Nature, il me semble voir
un homme monté sur des échasses pour
se faire regarder; mes yeux & mon esprit
se lassent, & mon cœur ne se sent pénétré
de rien. La bouillie que la comete fait
jaillir pour former les planetes, est une
chimere poétique élégamment rendue, qui
excite d'abord la curiosité, & qu'on lit
jusqu'au bout comme un roman, dans
l'espérance d'y trouver un dénouement
nouveau. Ici toute la piece est l'exagéra-
tion de la fable, & le dénouement est le

comble de l'abfurdité & de l'humiliation pour l'homme, à qui on ne donne d'autre origine que des molécules concentrées dans les eaux fécondées par la Nature; fyftême déja publié d'après le rêve de Téliamede; fyftème qui fait paroître tout-à-coup des hommes fur la terre encore chaude & mouvante, environnés d'animaux féroces, dont ils font la proie, & qui n'ofent marcher fans craindre d'être engloutis. La maniere dont tout cela eft préfenté, eft faite pour montrer de l'efprit & embellir l'hypothefe. La fable de Deucalion & Pirrha fur l'origine de l'homme, mérite le même droit à la crédulité: il n'étoit pas néceffaire que Moïfe fit une defcription des moyens propres à donner à la terre la forme qui lui manquoit d'abord. Ces moyens trop au deffus de l'homme & de la Nature, réfidoient dans la puiffance & dans la volonté de Dieu. Il falloit dégager la terre des eaux qui l'environnoient; il l'a fait fur le champ; il falloit la rendre féconde, d'un feul mot

il l'a fait ; il falloit la rendre habitable ,
il l'a fait d'une feule parole.

La terre, l'air & les eaux n'étant plus
confondus , par la féparation qu'en fit
Dieu par fa puiffance , furent bientôt
remplis des merveilles de la création de
tous les animaux analogues à leur élément. Mais il falloit un Être plus parfait
& fupérieur à tous les autres , qui do-
minât fur eux , parce que tous avoient
été faits pour fon ufage & fon plaifir.

C'eft l'homme qui fut le chef-d'œuvre
& le dernier de fes ouvrages. Il le fit, dit
le texte facré, à fon image & à fa reffem-
blance. C'eft-à-dire , qu'il prit plaifir à
lui donner une conformation majeftueufe,
une organifation plus précife, un cerveau
fort & en même tems flexible, propre à
recevoir & à conferver l'impreffion de fon
efprit, un cœur capable de fentir tous fes
bienfaits, une langue pour les publier. En un
mot, il fuffit de voir l'homme, pour croire
qu'il y a quelque chofe de divin dans lui,
& que les molécules organiques, dans l'eau

chaude ou dans la froide, font des vifions, &
des chimeres, quand il s'agit de la création.

Quand elle fut achevée, cette création
fi merveilleufe, que Dieu auroit pu faire
en un moment, & à qui nous n'avons
pas de compte à demander, la furface de
le terre étoit remplie d'afpérités & d'iné-
galités; les eaux n'étoient dirigées que
par leur pente naturelle, & croupiffoient
en mille endroits; tout montroit à l'homme
qu'il falloit rectifier par fon travail l'efpece
de défordre que Dieu avoit laiffé fur la
terre, & qu'en fouillant dans fon fein,
il y trouveroit des fources de bonheur,
de richeffes & de fatisfaction.

Si la loi du travail, impofé à l'homme
coupable, étoit l'effet d'un châtiment mé-
rité, Dieu ne lui avoit pas ôté l'intelligence primitive qu'il lui avoit donnée.

Le goût des fciences & des arts étoit
comme inné dans lui. Celui qui tient au
befoin, fe développa le premier, & l'agriculture fut l'objet de fon travail & de fes
recherches.

Il s'apperçut que toutes les productions de la terre encore brute, n'étoient que les symboles des produits de la terre cultivée. La Nature féconde & impuissante, paroissoit endormie, Dieu ne lui avoit encore rien dit. C'étoit à l'homme seul à qui il avoit parlé; il lui avoit dit de travailler, & qu'il béniroit son travail.

L'homme, instruit de la promesse de Dieu, ne fut pas long-tems à en reconnoître la vérité; il sentit que son travail seroit la clef de son bonheur, & qu'il rendroit la terre généreuse & bienfaisante.

Les arbres & les plantes se propageoient sans culture; leurs semences se répandoient d'elles-mêmes au hasard, & produisoient difficilement, tandis que les hommes qui se multiplioient tous les jours, sembloient demander à la terre de multiplier ses productions.

Devenus plus nombreux, les besoins devinrent plus sensibles & plus pressans; la nécessité ouvre l'intelligence, & l'enfant qui crie la faim, arrache des entrailles paternelles les moyens de la soulager. Ils virent bientôt que la terre trop seche & trop battue, étoit presque stérile, & ne produisoit que des fruits maigres & languissans. Ils imaginerent de l'ouvrir & de la sillonner, pour y faire pénétrer la pluie du ciel, & les influences de l'air & du Soleil. Puis, animés par une espérance légitime, ils répandirent sur cette terre ainsi préparée, les différentes semences qu'ils avoient eu soin de recueillir.

Ils virent bientôt avec étonnement, que leurs travaux n'étoient pas infructueux, que les grains qu'ils avoient répandus, se multiplioient à l'infini, & animés par la reconnoissance, ils attribuoient à la seule puissance de Dieu une fécondité si au dessus de celle de la Nature & de l'homme.

Ces premiers essais furent les premiers fondemens de l'agriculture, & le produit qui en résulta, fit voir aux hommes que leur bonheur sur la terre dépendoit de leurs travaux, & que Dieu, en les condamnant à manger leur pain à la sueur de leur visage, les avoit dédommagés par des avantages dignes de sa magnificence ; & ils le regardoient comme le protecteur de leurs entreprises & l'objet de leurs respects.

Les familles bientôt se réunirent pour s'aider mutuellement, & concourir au bien commun, en se communiquant les idées qui se présentoient à leur esprit, ils parvinrent à trouver des moyens pour rendre leur vie plus agréable & plus heureuse.

Le génie se développe suivant les occasions & les circonstances ; & tout ce qui tient à la conservation de son être, & au bonheur de la vie, l'homme en fait l'objet principal de ses soins & de ses recherches.

C'est par une suite de ce sentiment gravé dans son cœur, qu'il s'est apperçu que tout ce que Dieu avoit créé sur la terre, étoit fait pour son usage, & qu'après l'avoir fertilisé par son travail, il lui restoit encore à dominer les animaux que Dieu avoit également créés pour lui.

Pour

Pour y parvenir, ils imaginent des frondes, ils font des arcs, ils arment des fléches, forment des maffes, fabriquent des dards pour détruire les plus féroces ; ils treffent des filets avec des joncs & des écorces, pour en furprendre d'autres, & ils compofent des jougs pour les apprivoifer.

Ils inventent auffi des inftrumens pour pénétrer la terre ; & les animaux, devenus dociles, partagent les travaux de l'homme, en lui prêtant leur force & leur vigueur.

L'homme, après avoir creufé des cavernes dans les montagnes, après avoir entouré de branchages des places vagues, pour y former des afyles, devint plus actif & plus induftrieux. Ce n'étoit point affez d'avoir trouvé fa fubfiftance dans les productions de la terre, il falloit encore imaginer des habitations qui le miffent à l'abri des intempéries des faifons ; & hors des infultes dés bêtes féroces. Il trouva bientôt les moyens d'apprêter des bois & d'arranger des pierres. Cet art utile a été, après

l'agriculture, l'objet de fon attention. Les
deſſins d'abord groſſiers devinrent peu-à-
peu plus réguliers ; de légers qu'ils étoient
d'abord, ils devinrent plus ſolides, l'art
de bâtir ſe perfeƈtionna par degrés, & le
génie que Dieu avoit donné à l'homme,
lui ſervit de maître pour apprendre les
arts, & de guide pour les exercer.

L'homme devenu maître des animaux,
ſe les aſſervit. Il employa leurs forces pour
faciliter ſes travaux. Alors la culture de
la terre changea de face, les ſecours multipliés rendirent la culture plus facile & les
produƈtions plus abondantes. Les grains
ſi néceſſaires à ſa ſubſiſtance, les plantes les
plus utiles, les fruits de tout eſpece, les
fleurs les plus agréables parurent ſortir du
ſein de la terre, & la Divinité ſe montroit
par-tout la proteƈtrice de l'homme & de
ſes travaux.

Les hommes de M. de Buffon, ces
enfans des molécules, ces protégés de la
Nature, ont-ils eu ces avantages ?

N'eſt-ce pas être inſenſé d'ôter à Dieu

la puiſſance univerſelle pour l'attribuer à
la Nature, qui n'eſt qu'une chimere en
comparaiſon, qui eſt moins que n'eſt
un eſclave vis-à-vis ſon maître. Vouloir
que ſa puiſſance, unie au pouvoir de
l'homme, ſoit la cauſe immédiate de toutes
les productions, c'eſt dreſſer des autels à
l'orgueil & à l'impoſture, c'eſt ouvrir la
porte à l'athéiſme; en un mot, c'eſt ex-
poſer l'homme foible à dire comme l'im-
pie, qu'il n'y a point de Dieu.

Ce mélange ridicule du pouvoir de
l'homme & de la puiſſance de la Nature
eſt une conſéquence du ſyſtême des Epoques, c'eſt la Nature qui a fait tous les
êtres vivans; l'homme doit lui être ſubor-
donné, & toujours agir de concert avec
elle. Il eſt bien étonnant qu'il ne ſe ſoit
pas encore trouvé un homme aſſez recon-
noiſſant pour élever des autels, & établir
un culte pour honorer les molécules à
qui il doit ſon exiſtence.

Mais ouvrez les Epoques, vous y ver-
rez que ce ſyſtême y eſt uniquement cé-

lébré ; on y annonce, & l'on croit y avoir prouvé que tout ce qui exiſte, eſt l'ouvrage de la Nature.

Si les premiers hommes ont été les premiers admirateurs de ce grand ſpectacle de toutes ces magnificences qui s'offroient à leur vue, ils n'ont pas tardé à imaginer & à ſe perſuader qu'il y avoit un Auteur inviſible de toutes ces merveilles.

Il étoit poſſible qu'Adam leur eût tranſmis la connoiſſance particuliere qu'il avoit eue de Dieu, & que cette connoiſſance précieuſe ſe fût conſervée parmi ſes deſcendans, c'étoit un titre de plus pour affermir leur croyance.

Mais jamais ils n'auroient imaginé que la Nature pût être le Dieu de l'Univers ; cette découverte, comme tant d'autres du même calibre, étoit réſervée au dix-huitieme ſiecle.

On ne ſe feroit jamais douté que des ſciences vénérables & ſublimes, dont les objets ſont faits pour élever nos idées, en les rapprochant de la Divinité, se fussent accréditées aux dépens de la Divinité même.

La classe des Physiciens & des Astronomes paroît être réunie à la secte des Philosophes, pour former un corps nombreux contre Dieu & contre ses œuvres. Les uns font régner la Nature dans le ciel, & les autres la rendent maîtresse de la terre. Il semble que ce soit un complot médité parmi eux. Ce n'est pas assez d'ôter à Dieu sa puissance, ils veulent encore lui enlever son existence. En publiant des principes aussi dangereux, ils exposent, ils détruisent non-seulement la foi, mais même les vertus sociales des Nations.

La bonne foi & l'honneur ne regnent déja plus, les infidélités se multiplient, les passions toujours trop fortes dominent la raison toujours trop foible, & nous nous appercevons chaque jour que la cupidité devient la divinité générale.

Si l'on cherche à ébranler le trône du Dieu vivant, du Dieu créateur de tout, le sceptre des Rois sur la terre sera t-il en sûreté.

Concluons que l'existence de Dieu est une vérité gravée dans les cœurs de tous les hommes, que cette croyance fait leur consolation, & que c'est un attentat de chercher à leur ravir ce bonheur. Recourir à la raison, c'est se servir d'un flambeau qui s'éteint au moindre vent, & que la seule Religion peut rallumer. La Religion donne aux vraies vertus des récompenses, & des châtimens aux crimes; c'est elle qui prescrit de rendre à Dieu ce qui lui est dû, & à César ce qui lui appartient. Il n'y a pas un seul principe dans les Epoques qui rappelle ces vérités qui doivent être la base de tous les Gouvernemens, ainsi que de toutes les Religions, & qui font l'ame de celle qu'on professe en France.

Ajoutons, que toutes les Nations sont intéressées à soutenir que, si on laisse établir un doute sur l'existence d'un Être éternel, créateur & conservateur de tout ce qui existe, on ne sera pas long-tems sans voir régner les abominations dont l'homme, abandonné à foi-même, eft capable. Or il eft artificieufement infinué dans les Epoques, on s'y permet des ambiguités fi étudiées, que Dieu n'y paroît que comme un être imaginaire, ou indolent, & la révélation, comme une fable accréditée chez le vulgaire. Ce qu'on y dit de Dieu & de fon interprete, eft l'effet d'une politique craintive; & plus encore, de la répugnance naturelle qu'ont les hommes d'effacer de leurs cœurs l'exiftence de Dieu qui y eft gravée. On fait femblant de croire, à deffein de mieux prouver la ftupidité de ceux qui croient effectivement. Sans ces rafinemens, l'hypothefe n'auroit pas été tant accueillie des Philofophes; ils l'eftimeroient moins, fi Dieu & la révélation n'y étoit pas dégradés & ridiculifés. On veut même ôter, par un filence coupable, à tous les anciens Peuples, la conviction qu'ils ont eue de l'exiftence d'un Être-Suprême, connoiffance qu'ils ont exprimée avec tant de force & d'énergie par des emblêmes & des hyérogliffes, peut-être plus éloquens & plus expreffifs que tout ce que les langues en ont pu dire. Il n'y a donc que les hommes inventés par M. de Buffon, que les peuples imaginés par M. Bailly, qui n'aient pas eu d'idée de la Divinité; mais inftruits peut-être qu'ils étoient enfans des molécules organiques, ils rougiffoient fans doute d'une origine fi humiliante. Comment ne rougit-on pas de propofer des abfurdités fi révoltantes? La liberté de l'hypothefe peut-elle être un prétexte affez raifonnable pour rendre équivoques des vérités reconnues de tous les tems & par tous les Peuples? Non fans doute, il faut donc conclure que le Livre des Epoques eft dangereux, en ce qu'il dénature le texte des Livres facrés, en ce qu'il donne à tous les êtres vivans une origine fabuleufe, qu'il jette des nuages fur l'exiftence de Dieu créateur, des doutes fur les effets de fa toute-puiffance.

F I N.